7/80/67/0
87/42/70/36
11/24/31/0

室内设计色彩搭配手册

——设计师必用配色原则和实用方案 800

梁景红　著

江苏凤凰美术出版社

目录

51/75/93/
54/52/70/
68/18/85/

 85/85/8/0
40/10/10/0
30/75/85/0

 66/82/33/0
53/26/85/0
14/10/23/0

引言

凡是依靠视觉的审美领域，如绘画、电影、服装、平面设计、室内设计等，都非常依赖色彩的表达与创造。为什么呢？因为物体之所以能被看到，正是因为它有颜色。没有颜色，这个物体对我们来说几乎等于不存在，那就更没办法谈论它的美、丑和功用了。这也是色彩属于视觉设计基础学科的原因。尽管不同领域、不同专业对色彩有不一样的需求，但在基础性方面，对色彩搭配的思维逻辑都是一样的。

我们一方面应该掌握视觉色彩设计的总原则，一方面应该熟知室内色彩的特殊性。本书提供的色相、色调、色彩搭配参考就非常具有室内设计的特点。这几年室内设计用色越来越大胆、多元化，在注重色彩搭配的美感与个性的同时，我们也要注重色彩的功能性。色彩可以潜移默化地影响我们的情绪，还可以影响我们的身心健康。

不同地域的人们，根据生活经验积淀了不同的室内文化，在软装风格方面形成了一些独特的风格，如地中海风格、田园风格、中式风格等，具有一定的色彩使用的差异性，这些需要我们加以学习。但是不同软装风格的区别主要在于装饰风格、家具特色等综合方面，并非仅仅通过色彩搭配就能够将它们区分开。因而，本书没有按照软装风格进行阐述，而是从以色彩为中心的独特角度进行展示和讲解，尤其是本书给出多种高效的色彩搭配原则和多种风格的色彩搭配提示，都有很强的实用性和可操作性。

本书适合室内设计初学者、设计师以及个人爱好者，因为它的文字非常有亲和力，很容易消化和掌握。每张图片都是精挑细选出来的，好看而富有启发性，并且给出了色卡参数（CMYK），方便设计师取用。

若把这本配色口袋书常常带在身边，不仅在室内设计方面，在日常生活方面或许也可以给你带来很多灵感！

87/76/15/0
35/96/86/2
36/36/40/0

第一章　室内设计的色相与色调

沙发是这个大厅的主角，多彩的沙发上没有一种颜色是绝对的霸主，与周围统一的古朴家具中的褐色反差强烈，更显特别，这属于"主角色搭配原则"，可参阅后续内容。多彩的设计其实很常见，并且很独特，因此我们把"多彩"单独列为一种特殊的色相。

 62/74/57/12

了解色彩，通常要从每种颜色的纯度、明度、饱和度开始。它们就好比是一种颜色特有的坐标，标注了这种颜色在"色彩地球仪"中的位置，进而我们才能去观察、分析这种颜色和其他颜色的关系是怎样的。

色彩理论体系复杂且庞大，但如果能够掌握色相、色相环、色调的知识，就可以迅速地开始设计，因为色相环与色调是"色彩地球仪"的一个切面，表明了色彩有序（节奏性、规律性）的一面，如同找到了门径，之后我们才能够运用色彩原则进行设计，因而必须把这几点掌握好。

室内设计常用色相精选

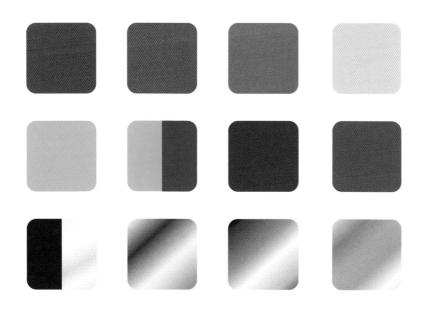

室内设计常用色相可以列为红、橙、棕、黄、绿、蓝、紫、玫瑰、黑白、灰、金铜、多彩。其中"多彩"并不是一种色相，也可以叫彩虹色。当室内色彩太多、每种色彩面积都不大且难以确定谁是主色时，就会形成多彩效果。生活环境使用的颜色大多数比较柔和，另外室内色彩受自然光线的影响比较大（比较起来，UI 设计和影视设计等不会受到自然光线的影响），饱和度极高的颜色应用范围并不广泛，因而我们这里选出的常用色相也较为柔和。

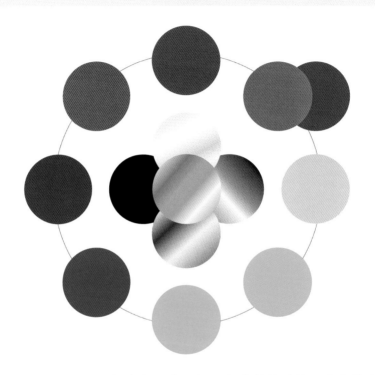

通过色相环学习配色与设计是很有必要的。根据行业的特殊性，我们选出了具有特色的室内设计的基本色相，因而这里绘制的色相环也是与众不同的。由于在室内设计中木头、皮革等材质用途十分广泛，因此棕色被独立出来，颜色浅些的是棕色，深些的是褐色，可以列为深浅不同的橙色的浊色。另外，金铜与黄色是很接近的，但由于金铜材质特别，有特殊的质感和光泽，因此将其单独拿出来。彩虹色与黑色被单独保留。

室内设计 4 种关键色调

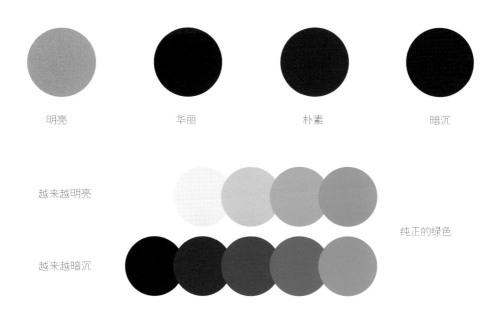

明亮　　　　华丽　　　　朴素　　　　暗沉

越来越明亮

纯正的绿色

越来越暗沉

例如纯正的绿色加入黑、白、灰或其他颜色后会改变明度、纯度、饱和度，但从色彩倾向性上仍然可以看出是绿色，由此所形成的不同颜色可以叫作绿色的不同色调。由此可知，一种色相存在很多种明与暗、纯与浊的调性。对于室内设计者来说，掌握 4 种色调变化即可解决大多数问题，它们分别是：华丽、明亮、朴素（淡浊）、暗沉（深浊）。这 4 个色调层次既明了又不复杂，且便于记忆，设计师与室内设计爱好者都应该掌握。

关键色调的情感特征

明亮　　　　　　　　　54/13/21/0
　　　　　　　　　　　33/39/45/6
　　　　　　　　　　　12/12/13/0

明亮　　　　　　　　　27/5/7/0
　　　　　　　　　　　47/17/8/0
　　　　　　　　　　　43/28/9/0

4种色调的情感特征有很大不同：明亮色调显得柔和而清爽；华丽色调（也叫纯色色调）更直接而且纯粹；朴素色调（也叫淡浊色调）很知性、含蓄，并且具备优雅的特质；暗沉色调（也叫深浊色调）非常有力量而且神秘。色彩之间存在差别与对比才能产生美，通常初学者更注重将不同颜色放在一起搭配，而控制力更强的设计者可以把不同色调放在一起搭配，突显不同色调的优势，同时这意味着一群颜色与另外一群颜色搭配，从色彩数量、色彩层次的复杂性等角度而言，设计难度成倍增加。

华丽   　100/0/0/0
20/12/81/0
28/84/10/0

暗沉 　84/36/18/30
98/82/47/12
98/87/32/55

朴素   　64/46/9/2
23/24/54/0
84/85/16/11

　明亮

　华丽

　朴素

　暗沉

从不同色调由深到浅的变化中可以看出：
室内风格特点各不相同。

13

第二章 色相环搭配原则

色彩相似原则

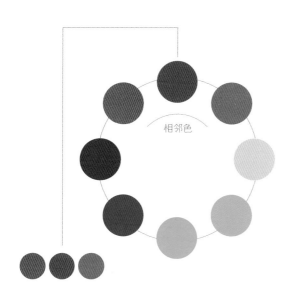

相邻色

50/87/68/13
14/50/50/0
27/62/48/0

将色相环相邻的两色进行搭配，属于相似色、近似色搭配。这种方式技巧简单，效果明显，因而运用非常广泛。在这种搭配条件下，色彩可以柔和地过渡，彼此之间和谐且团结，容易形成完整的视觉印象。因而当你想要达成和谐统一的效果时，相似色是一条非常好用的搭配规律。有人或许担心相似色会不会显得太过保守，其实相似色搭

 69/35/77/0
43/29/65/0
43/24/36/0

 15/21/0/0
15/20/19/0
0/7/10/10

配并不是同一种颜色的反复使用，而是色彩对比反差较小。这样反而会形成远观统一、近观有细节的内涵型设计，适合内敛、细致、敏感的人。

色彩相似原则

配色：色相环中距离较近的色彩之间的搭配。

美的形式：柔和、和谐、团结。

效果、优势：视觉统一，低调内敛，近看有细节。

色彩对比原则

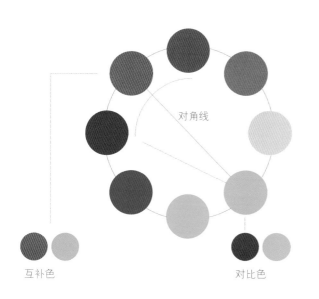

对角线

互补色

对比色

25/55/100/0
100/60/38/0
56/96/90/0

色相环对角线上的两色属于互补色。那么什么是对比色呢？对比色的范围其实比互补色稍微大一点，反差较大的两种颜色的组合被称为对比色。比如绿色和红色是互补色也是对比色，绿色和紫色是对比色，因而可以理解为对比色包含互补色。对比两色搭配会显得每种颜色都个性分明、形象突出，并且可以遮掩这两种颜色的缺点。比如黄色和紫色在一起的时候，黄色的明亮感被强化、柔弱感被忽略了。同理在黄色的衬托下，紫色的神秘感被强化、阴沉感被弱化了。这种色彩搭配方式比较适合个性突出的人，以及软装单品具有时尚、前卫特点的室内设计。

12/90/95/0
85/80/55/0
10/60/60/0

色彩对比原则

配色：色相环中距离较远的色彩之间的搭配（包含互补色）。

美的形式：矛盾、夸张、冲突、强烈。

效果、优势：个性突出，时尚超脱；扬长避短，优势明显。

升级难度之活用色彩相似与
对比的双原则

整体相似、局部对比

整体				30/22/25/0 15/30/15/0 15/20/15/0
局部				10/42/39/0 45/10/21/0 30/75/65/0

对比原则和相似原则组合运用时，往往效果会更好。其做法很简单，你可以选择一种原则搭出整体软装色彩效果，再选用另一种色彩按照其他搭配原则在局部范围提供辅助。例如当你想要表达冲突、夸张的时候，就让色彩对比更强烈一些，但这样往往容易缺乏层次感。此时若能在局部范围做一些相似原则的色彩搭配，便可以增加层次感。反之，当你整体运用相似原则制造协调统一的外观后，局部安排强烈的对比，就会如同画龙点睛一样增加异彩。总之，二者可以扬长避短，能够满足不同的需求，得到意想不到的效果。

整体对比强、局部也进行对比的情况也
是有的，然而这种较为夸张的设计，适
合的人群比较小。

整体相似、局部对比

| 整体 | | | | 32/45/71/0
10/18/20/0
21/60/85/0 |
| 局部 | | | | 71/2/28/0
16/96/90/0
47/13/90/0 |

活用色彩相似与对比的双原则

配色：整体对比或整体相似，局部用另一种搭配原则。

美的形式：多种形式并存，扬长避短，增加层次感或画龙点睛。

效果、优势：绝对不枯燥，哪里都是风景。

第三章 色彩倾向与混合搭配原则

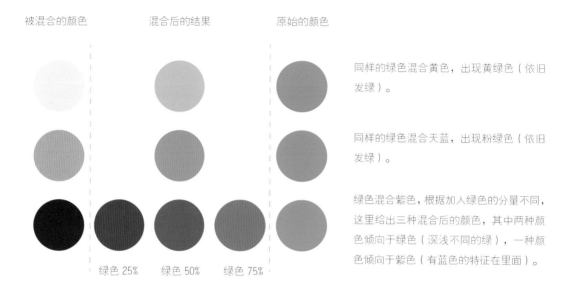

| 被混合的颜色 | 混合后的结果 | 原始的颜色 |

同样的绿色混合黄色，出现黄绿色（依旧发绿）。

同样的绿色混合天蓝，出现粉绿色（依旧发绿）。

绿色混合紫色，根据加入绿色的分量不同，这里给出三种混合后的颜色，其中两种颜色倾向于绿色（深浅不同的绿），一种颜色倾向于紫色（有蓝色的特征在里面）。

绿色 25%　　绿色 50%　　绿色 75%

色相环上的颜色，色彩倾向分明，不少常见的相近色搭配、互补色搭配、冷暖色搭配等配色技巧都是建立在活用色相环的基础上的。脱离色相环，还有很多搭配的原则和规律需要掌握，例如当色彩混合后，色彩的倾向性就会变得模糊，搭配起来的难度也增加了一些。

根据本页图例，我们看到当一种颜色混合其他颜色时，加入的颜色分量越多，越难维持原颜色的色彩倾向（色相特征），因而产生了新的颜色。了解这件事其实可以帮助

Simple Stories

41/16/15/0
72/42/50/0
43/25/78/0

本作品的色卡颜色 1 偏向蓝色，色卡颜色 2、3 都是发绿的，3 种颜色过渡得很和谐。1、2 都混合了白色，2、3 都混合了绿色，因而三者容易搭配。

40/68/100/2
56/89/98/34
24/90/77/0

本作品的色卡颜色 1 偏向棕色；色卡颜色 3 偏向红色；色卡颜色 2 中红色的成分不是特别明显，棕色的部分更强烈一些，因为它包含了红色和棕色，对色卡 1、3 两色起到了很好的调和搭配作用。

我们进行色彩搭配。当你遇到很难搭配的两色时，将二者进行一定比例的混合，混合后所得的颜色可以很好地调和这两种颜色。也就是说，混合后的颜色其实与原来的两色都能很和谐地相处。这就是一个非常好用的色彩搭配规律。

第四章　主角色与反主角色搭配原则

主角色搭配原则

93/83/83/60
22/25/48/0
50/46/36/0

主角色搭配原则、对比原则

配色：以主角为重，围绕它搭配。

美的形式：有重心，不凌乱。

效果、优势：稳重、明确。

厨房、卧室、客厅、书房、卫生间等，因不同功能而命名，每个房间都有其标志性的家具，比如卧室的床、厨房的厨具、客厅的沙发、卫生间的坐便器等，这些家具就是房间的主角。明确这件事后，配色过程中就要尽可能地突出主角。思路很直接：先给主角赋予你最喜欢的颜色，然后围绕"如何突出它"来选择其他的颜色，如本页的图示中双人床用了黑色的软装，周围则选色平淡一点，作为主角的床就会显得很突出，掌握着整个房间的"色彩主控权"。这种色彩搭配会使我们有一种非常稳定的情绪，因为主角是理所应当被突出的。

其实对于卧室而言，墙面也可以是主角。确定某个家具或某一面墙作为主角后，先为主角选好色彩，之后运用色彩对比原则选择对比色彩布置周围，这样就能很好地突出你想要的主角了。

45/81/100/12
17/43/80/0
18/15/23/0

主角也许是一幅画，也许是一个柜子，只要你觉得可以，那就可以。
关键是给它空间，不要让其他颜色喧宾夺主，更不要弄得凌乱无序。

反主角色搭配原则

88/74/35/0
0/85/70/0
47/62/50/12

尽管强调功能性的主角色搭配原则非常好用，然而反对主角化的室内色彩搭配照样合理存在。因为这种方式可以强调装饰性、统一性及丰富性。每个部分的色彩选择势均力敌，搭配的关键是避免强调其中某种颜色即可。这样做非常有个性，适合一部分人群。

这里给出的各种各样的色彩搭配原则，实际上相当于给出了快速解决问题的用色搭配思路。而这些原则已被实践者们所验证，大家可以大胆地遵循使用。

每一种原则代表一个搭配方向，可以用在整体，也可以用在局部。甚至可以说，这些原则可以用在室内设计中，也可以用在服装设计中，它们是视觉设计领域的通用性原则。

70/45/20/0
16/12/14/0
54/85/70/20

反主角色搭配原则、相似原则

配色：重复用色或避免某种颜色过于突出。

美的形式：势均力敌，彼此制约。

效果、优势：统一，装饰感强。

第五章 色彩比例原则

 59/35/44/0
33/18/28/0
80/70/65/33

绝对主色控制权

比例：主色占 70% 的面积。

效果、优势：统一、和谐。

第一种情况：一种颜色或其相近颜色面积比例较大的时候，整体环境容易达成统一和谐的形象，但也有可能显得单调。第二种情况：如果以一种颜色为主，其他颜色与之较量、补充或辅助，则会增强色彩之间的互动感。第三种情况：如果有很多零碎的颜色，每种色彩的比例都差不多时，每种颜色的面积也不大，相对来说可能会显得比较凌乱，但也会比较有个性。总之，第一种情况稳定、保守，第二种情况变化多、效果不俗，第三种情况则要有一定的色彩控制力才可以尝试。

13/22/22/0
33/49/47/0
53/70/59/0

若想让单色系设计显得不单调，其实很简单，只需要增加色彩相似原则的搭配即可。样貌不同、深浅不一的颜色出现时会增加层次感，同时还要注意添加颜色多而碎小的装饰图案以及富有特点的小装饰品。

85/80/72/55
6/20/12/0
0/50/65/15

粉色墙面，黑色背板。这种夸张的双色
对比，却能为其他软装如小沙发、装饰
画、小茶几等创造出展示的空间。

突出主配互动感

比例：可以明显看到两种颜色的对比。

效果、优势：相互衬托，灵活，丰富。

74/20/84/33
16/96/75/0
7/67/7/0

沙发靠着落地窗，窗
外绿植茂盛、花朵鲜
艳，室内毛毯呼应绿
植，室内外的绿色连
成一片。桌子、靠垫
大胆选用红色及粉色，
与绿色互动起来，双
色搭配十分好看。

		10/82/10/0			20/75/95/0
		70/18/75/0			12/20/85/0
		78/25/20/0			30/64/85/30

一个作品若能避免明确谁是主角，颜色自然就会有很强的对比和变化。如本页作品便进行了细致的多元化处理，很多地方都设置了鲜艳而有力量的颜色，不断分散我们的注意力，让人觉得它的每一处都独立成章。因此，若能控制好多种颜色和周围的关系，就会显得乱中有序、别有风味。这种设计对设计师的色彩控制力要求比较高。

多彩夸张显个性

比例：多色比重都不大，主色不明显。

效果、优势：有个性，夸张，独特。

5/22/88/0
17/95/31/0
78/29/15/0

80/80/80/50
0/47/85/0

色彩越浓郁、纯正，彼此间
的较量就会越激烈。这个房
间中，黄色的沙发可以理解
为主角，但是其他部分的颜
色也很强烈，彼此之间相互
拉扯，谁都不能被忽略。

第六章　色彩情感明确原则

每种颜色都有独特的情感，用心搭配的一组颜色能够传达出细腻多样的情感。这是色彩特有的魅力，就好像直线给人刻板的感觉、曲线给人自由的感觉一样，我们的审美认知会自动解读色彩。

不过，设计者如果想表达过于复杂的色彩信息，我们不一定能够全部解读出来，这在传播学中称为信息衰减现象。这不能理解为大众不懂色彩所以没有接收到完整信息，而要理解为我们的设计是失败的，因为它的表达不符合大众审美的规律。若想让一个作品传达出的感情信息能够被接收方尽可能清晰地接收到，反而要求我们在创作时适当减少要表达的信息。色彩情感明确原则的意思是：色彩情感信息关键词不能多于3个，信息内容要明确、简单，表达风格要鲜明。

从创作的角度来说，例如优雅的、活泼的、现代的，这3个情感关键词可以分别作为3个作品的主旋律，而不是非要把它们放在一个作品中。如果既想表达活泼，又想做到优雅，这就太难了！色彩控制力超强的人，或许可以在同一个设计中表达多种内涵，然而初学者是做不到的（其实大多数设计者也是如此），所以更要遵循色彩情感明确原则。从接受的角度来说，我们也要提醒高级设计师们，即使你的色彩控制力、创造力都很强，也要考虑到大众能否理解你的设计。色彩情感明确原则本身就是基于大众审美的规律而确定的，虽然简单，应用却非常广泛而必要。

优雅、静谧

34/64/15/0
35/26/24/0
12/22/33/0

这个空间里不止有3种颜色，然而在表达优雅的特征时，紫色、灰色和阳光的组合起到了关键的作用。

再加上很好地衬托了主题的图案装饰、雕塑摆件、灯具、桌椅等物件的组合，就能达到我们想要的效果了。

古朴、沉稳

40/55/60/0
83/68/50/8
50/80/100/20

深浅不一的木头、皮革等材料，主要的色彩是棕色、褐色等，它们能营造很有质感的沉稳格调。再配合古朴的摆件和蓝色的花纹，显得很有味道。

时尚、现代

60/26/56/0
91/88/25/0
31/75/82/0

承载颜色的软装
单品，如灯具、
装饰画、椅子、
茶几等都个性十
足。红、绿、蓝
色大胆搭配，时
尚感不难营造。

典雅、高贵

30/31/70/0
77/72/64/37
0/0/0/0

灰色本身有雅致感，金色则有高贵感，二者加起来便有了典雅感。家居装饰物有些显得古典，有些显得现代，那么最终则会呈现富有现代时尚感的典雅高贵。

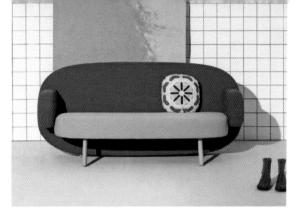

这个世界美好的事物太多了，我们不可能都搬回家。比如这种可爱的小沙发，单看的确不错，但要符合你的房间格调才行，否则最后你可能觉得它是多余的。不论当时觉得它多么可爱，最后也会嫌弃它。

实现色彩情感的表达，必须依靠每种颜色固有的特点，比如红色代表热情、奔放，黑色代表力量、厚重、沉稳。同时还要考虑到两色或多色之间的关系，扬长避短，彼此互动，发挥优势。也就是说，想要表达情感，既需要多种颜色之间的配合，又要明白单一色彩的属性并不能丢失。色彩组合有时是1加1等于2，有时是1加1等于1，也有可能是1加1等于0或−1。

到底是加分还是减分要看如何搭配，怎么做才能取得好的效果呢？首先要熟悉每种颜色的特点，然后去观察组合后的结果，最后考虑一下家具的装饰性能不能衬托我们的意图。这种方式虽然保守，但是安全。如果选择家具或软装时只看单品好不好看，不分颜色都买回来堆在一起，可能会出现相互不肯配合的结果。每个单品都是主角，那谁配合谁呢？有的东西就是这样，单独看很好，却与周围不"团结"，最终能否长久喜爱它也不好说。因此，一旦给房间定了基调，就先按照这个思路去完成，大局控制好后，再增加一些不会影响到全局的独特装饰品，会让房间更加分。

第七章　常用的 10 种色相

红色

鲜花、国旗、鲜血、革命、过年、喜事……这是我们对红色的主要印象。

它的优点：热情、刺激、积极、跳跃、暖的极限。

它的缺点：危险、烦躁、过激。

红色和冷色搭配可以压制自身缺点，发挥优点。

激烈的、浓烈的
大红

0/100/100/0

温暖的、有安全感的
洋红

0/82/80/0

收敛的、成熟的
暗红

8/100/55/37

稳重的、低调的
咖啡红

16/100/65/58

柔和的、女性向的
粉红

0/84/46/0

活泼的、有诱惑力的
暖玫红

0/100/50/0

文艺的、复古的
驼红

15/90/85/25

典雅的、随和的
淡红

2/73/43/6

橙色与褐色

秋天、丰收、谷物、皮革、骄阳、木头……这是我们对橙色与褐色的主要印象。

优点：沉稳、积极、公正。

缺点：几乎没有什么缺点，但有时候显得没个性。橙色的搭配范围其实比较广泛，可能由于过于积极，有些人不喜欢这么温暖的颜色，反而是褐色、棕色受到各年龄层人群的欢迎。

褐色、棕色实际上是橙色的浊色效果。褐色发冷，有历史感、古朴感；棕色发暖，有温暖感、亲切感。二者在家具、地板、墙面等方面的应用都比较广泛。

华丽的、骄阳般的
红橙

0/85/100/4

乐观的、开放的
橙色

0/65/100/0

内敛的、成熟的
红棕色

0/78/83/55

稳重的、中性的
黄橙

0/55/90/24

有质感的、公正的
棕色

10/72/100/46

朴实的、平凡的
淡褐色

21/47/46/0

低调的、保守的
淡橙色

17/54/68/0

古朴的、有历史感的
褐色

44/69/58/60

黄色

鸡蛋黄、柠檬、阳光、宗教、最亮的颜色……这是我们对黄色的主要印象。

优点：明媚、轻薄、活泼、新鲜、明亮、耀眼、温暖。

缺点：刺激、单薄、软弱、尖锐、缺乏立场。

黄色系有千千万万种不同的黄，每种都可能有独立的优点和缺点。但是当黄色与其他颜色接触时，就具备了黄色的共性。在掌握同一色相共性的同时，还需要逐一分析每种颜色的优、缺点。其他如红色、蓝色、黑色等色相也是如此。

浓郁的、阳光的
大黄

7/30/86/0

明亮的、独立的
浊黄

12/14/100/0

沉稳的、低调的
土黄

2/19/82/45

刺激的、尖锐的
柠檬黄

0/0/100/0

淡雅的、单薄的
淡黄

4/4/38/0

天真的、活泼的
亮黄

0/12/87/0

新鲜的、温暖的
暖黄

0/25/75/0

清新的、稚嫩的
黄绿

20/0/100/0

绿色

生命、植物、森林、大自然、生机勃勃……这是我们对绿色的主要印象。

优点：环保、安全、干净、富有生命力、新鲜。

缺点：无。

绿色很少有令人不满意的时候，但是作为主色时，并不是很好控制。把绿色作为其他颜色的搭配色，就会更好处理一些。因此进行室内设计时，可以考虑用植物、单品家具等内容点缀绿色，往往能够产生很好的效果。

新鲜的、新生的
嫩绿

50/0/100/0

有生命力的、干净的
翠绿

75/0/100/0

成熟的、可信赖的
深绿

90/30/95/30

清新的、有个性的
薄荷绿

70/10/45/0

中性的、平静的
镉绿

67/21/54/12

温暖的、脏的
迷彩绿

42/2/73/49

稳重的、有力量的
墨绿

90/10/60/62

平淡的、平凡的
淡绿

35/5/57/0

蓝色

天空、大海、科技、城市……这是我们对蓝色的主要印象。

优点：干净、开阔、深邃、包容。

缺点：孤独、冷漠、与世隔绝、古板。

总体上看，大多数蓝色属于冷色，但孔雀蓝、宝蓝色、知更鸟蓝、天蓝都是发暖的蓝色。不论做主色还是辅助的颜色，蓝色都可以很好地被驾驭和配合。

单薄的、干净的
天蓝

70/15/0/0

宽阔的、理性的
海蓝

85/56/0/16

华贵的、典雅的
宝蓝

100/90/0/0

深邃的、包容的
深蓝

100/55/10/55

古朴的、低调的
灰蓝

30/2/0/45

华丽的、温暖的
孔雀蓝

70/0/15/0

脏的、中性的
雾霾蓝

50/0/5/25

典雅的、高贵的
知更鸟蓝

51/0/26/0

紫色

茄子、花朵、神秘感……这是我们对紫色的主要印象。

优点：神秘、成熟、有魅力、独特、女性向。

缺点：不开放、不积极、不乐观。

紫色其实非常有魅力，很多不同风格的室内设计都会大量使用它。就算作为主色，也很受人欢迎。紫色与反差大的黄色搭配，会变得活泼；与反差小的红色搭配，会变得沉稳。它的浊色调也特别有魅力，看起来十分内敛、雅致。

神秘的、有想象力的
紫色

75/100/0/0

年轻的、有诱惑力的
紫红

50/100/0/0

两性的、女性向的
玫瑰色

35/100/35/10

成熟的、有魅力的
咖啡紫

77/100/39/2

典雅的
香芋色

46/67/17/15

艳丽的、刺激的
品红

0/100/0/0

淡雅的、有少女感的
藕荷色

24/26/0/0

有力量的、沉稳的
深紫

83/97/34/2

粉色

鲜花、玫瑰、娇柔可爱的女性……这是我们对粉色的主要印象。

优点：柔弱、需要被保护、天真、干净。

缺点：没有力量、未经世事、低龄。

粉色可以属于红色，也可以属于紫色。单独列出它，是因为它的用途比较广。不仅小女孩喜欢粉色，现在很多男士和老年人也很喜欢它。

低龄的、干净的
藕粉

6/26/0/0

女孩气的、有个性的
玫红粉

7/47/0/0

脏的、踏实的
暗粉

24/39/15/25

沉稳的、低调的
亚粉

12/28/20/12

成熟的、安全的
粉红

11/57/26/23

轻熟的、柔美的
洋红粉

10/51/27/0

温暖的、平静的
肤色

11/32/30/1

成熟的、冷静的
土粉

0/36/17/31

白色

大雪、婚礼、墙面……这是我们对白色的主要印象。

优点：纯洁、神圣、开阔、干净、空旷。

缺点：没有存在感、孤独。

我们平时看到的白色报纸是发暖红色的，光线较暗的白色房间是灰色的。理想化的白色在日常生活中是不存在的。比如大雪，实际上是脏的，接触光线的一面有可能发红，阴影可能发黑。远看雪景整体发冷，偏蓝色；细看大雪与周围的物体色结合后，呈现绿色、奶色或紫色等，没有真正的纯白存在。因此带一点其他色彩倾向的"白色"用途更加广泛。

干净的、冷静的
冷白
6/5/0/0

微光的、向阳的
发红
7/11/12/0

脏的、低调的
暗白
16/11/12/10

冷静的、开阔的
发蓝
12/7/3/12

温和的、中性的
发绿
11/4/17/4

直接的、清晰的
灰白（冷色调）
11/7/9/0

简单的、直白的
中性白
11/8/13/1

微暖的、干净的
奶白（暖色调）
0/2/2/14

黑色

铁块、脏的、沉的、葬礼、墨汁……这是我们对黑色的主要印象。

优点：有力量、沉稳、给人安全感、权威。

缺点：脏的、丧气的、有压迫感。

与白色的情况相同，日常生活中的黑色在多数情况下并非纯黑。带有一点其他色彩倾向后，黑色的样貌更丰满，可以避开缺点，还能增添其他色彩的优点。

男性更喜欢把这种权威、有力量的颜色作为房间的主色。假如只是局部使用黑色的话，黑色的单品家具可以很好地稳住空间的重心，对各种类型的人来说都是合适的。

枯燥的
中性黑

5/5/0/90

沉稳的
深褐

75/75/75/60

深邃的
深蓝

100/45/33/75

有力量的
黑色

0/0/0/100

内敛的
深紫

50/50/20/80

沉稳的
深棕

55/70/80/70

稳重的
深红

10/87/87/87

华丽的
深绿

90/10/90/90

灰色

大地、矿物、水泥、垃圾……这是我们对灰色的主要印象。

优点：稳重、高级、中性、雅致。

缺点：被忽略的、脏的、陈旧。

灰色是优点和缺点都非常明显的颜色，大面积使用时缺点比较突出，与合适的颜色搭配则优点很容易显现，因此可以作为最佳的辅助色。

任何一种颜色的色彩情感都不是固定的概念。当它在不同的环境下，搭配了不同的颜色时，所呈现的结果也是不同的。尤其在室内设计时，颜色在不同的软装家具造型、风格中，观者根据环境光线的变化、当时的身体状态与情绪，得出的结论都有可能不同。但我们还是应该有一个共性的概念，比如红色与蓝色在色相上差异很大，而它们所代表的情感也确实存在很大差别。

平淡的、简单的
中度灰

6/5/0/56

雅致的、成熟的
绿灰

27/7/22/74

华丽的、沉稳的
高级灰

11/13/11/73

温和的、中性的
奶灰

20/20/24/0

中立的、平稳的
灰褐色

42/40/42/0

单一的、纯粹的
淡灰色

0/0/0/35

轻奢的、女性向的
紫灰

11/20/0/53

沉稳的、冷静的
蓝灰

30/11/6/63

第八章　色彩调节情绪的两条原则

曾经有人做了一个实验，用以研究色彩与人们感受情绪的关系。同样是 20 分钟的时间，在蓝色房间的人们会觉得时间过得快，在红色房间的人们会觉得时间过得慢；蓝色房间里的人不愿意离开，而红色房间里的人想要快点离开。另一个实验则探索了色彩与人们感受温度的关系：到了冬天，蓝色墙面办公室的室温未降低到 16 ℃时，人们已经迫不及待地要打开暖气；而红色墙面办公室的室温降低到 16 ℃以下时，人们才会想要打开暖气。如此看来，色彩对人们的心理、生理影响都很大。

以上结论对室内设计有很大的启发，用色时应该注意两条原则。

原则一：色彩用得对不对，关键看是否使其发挥优势。

冷色会降低食欲，例如蓝色餐厅的销售量就远远低于橙色餐厅。色彩是否能够发挥作用，关键看它用在什么地方。比如蓝色虽然不适合餐厅，却适合减肥者，对前者而言的缺点换了角度立刻变成了对后者而言的优点。

93/75/10/0
12/19/12/0
0/0/0/0

蓝色的客厅，可以让喜欢聊天或阅读的人们舒服得待上一个下午而忘却时间。炎热的夏天，蓝色还会让我们感觉清凉。然而喜欢热闹的人们可能不太喜欢这种安静的颜色。颜色用得好不好，不是颜色本身的问题，而是设计者是否用对了它的优势。

64/8/64/0
70/53/14/17
0/0/0/0

这是一种免费的治疗方式，色彩的积极影响会在潜移默化中进行，我们只需要花点心思，让色彩不仅提供美观功能，从心理健康乃至身体健康层面，也可以让人受益。

原则二：效果不能立竿见影，但可以潜移默化。

色彩对居住者的审美感受的影响是立竿见影的。也就是说，只要色彩搭配得好看，就能让我们眼前一亮。色彩对居住者的情绪、健康等内在层面的影响却是潜移默化的。比如分别长期居住在无窗户的地下室和有落地窗、视野开阔的环境中的人，其心理和个性会有很大差异。但如果只是让一个长期住在较好环境的人偶尔住两天地下室，不可能对其心理有持久性的影响。因此关于色彩在治疗情绪方面的功能，不能要求两三天内就产生极强的效果，但同时我们也要肯定色彩的确有能力给我们带来积极、健康的心理影响。

因此，患有多动症的孩子的房间，建议使用蓝色，会有一定的情绪治疗效果。对于易发怒的人而言，若想利用色彩起到情绪调节作用，可以采用绿色及大自然的清新组合，也可以住在安装了开阔落地窗的宽敞明亮的环境中。常年患病的人容易消沉，其处所环境建议采用有温暖、阳光、鲜花等特征的暖色，在一定程度上有调节情绪的作用。即使没有情绪障碍且身心健康的人，也喜欢在平和、稳定、舒心的环境中长期生活，因而室内色彩的选取、搭配非常关键，真的不可小觑。

75/14/18/5
45/5/15/0
11/6/46/7

74/17/59/0
26/20/31/0
29/24/48/0

80/57/10/0
35/18/11/0
56/85/92/35

74/17/78/0
36/36/50/0
0/0/0/0

第九章 室内设计常用色彩风格参考

这里给大家列举 22 组不同的色彩风格，每一种都非常具有代表性，可作为室内设计的配色参考：大自然、时尚现代、糖果味、印象派与艺术感、森女系、古典与装饰、明媚光、工业感、海洋天空、富丽华贵、力量权威、温馨舒适、干练知性、浪漫柔美、干净纯洁、高雅气质、简约现代、活力印象、原木情结、田园、中式、禅意。

在这些色彩风格中，部分来自传统室内设计风格，如古典与装饰、简约现代、田园、中式等；有的是从人物个性角度出发做的色彩归类，如干练知性、高雅气质、活力印象、力量权威等；有的则是从情绪感受角度出发作出的总结，如明媚光、温馨舒适等；也有从小众文化或艺术形式中获得灵感的类别，如糖果味、印象派与艺术感、森女系等。

其实每一种色彩风格都有自己独有的特征。例如大自然偏向于开放性的绿色、大地、天空、花朵的颜色。时尚现代则强调矛盾冲突，色彩可以明亮，也可以暗沉，但一定要对比强烈。工业感多数是灰暗、阴沉的配色，但偶尔也可以出现以灰白为主的明亮感。印象派与艺术感强调色彩丰富且细腻，色彩浓郁且饱满。糖果味很轻松，颜色明亮但不刺眼。活力印象偏向于运动风，颜色可以刺激一些，大红、大蓝都是可以直接用的。森女系朴实而低调，需要饱和度低而且对比柔和的配色。高雅气质很成熟，虽然饱和度需要低一些，但是更强调品位，因而紫色、灰色可以用得比较多。中式、原

木情结、禅意都强调了木头的颜色，但是中式多用红木，禅意多用做旧效果，而喜欢木头质感的人，可以试试各种颜色的木头、各种风格的木质家居，不论现代还是传统风格都有很大的发挥空间。明媚光对于城市里的人来说特别重要，不过它与干净纯洁、干练知性、简约现代还是有很大差异的，虽然大多数装修风格都强调光线，并且配色较为明亮，但是明亮的程度有所不同：干净纯洁偏向于纯白设计，有一类人非常喜欢这种风格；简约现代强调搭配直接、装饰不烦琐；干练知性强调文化层次，颜色可以稍微加深一些。温馨舒适可以选择中性色，并且色彩丰富些，但是对比不要过强。浪漫柔美则有很强的女性气质。富丽华贵更偏向浓厚的色彩，可以鲜艳、夸张一点。力量权威的设计离不开深色乃至黑色。

正因为我们选出的色彩风格都非常有代表性，所以在实际设计里的使用频率也很高。如果想要混搭这些风格也可以，但是要谨慎。这里提供的每一种色彩感受都是被普遍认可的，如果想要混搭它们，则要求设计者的色彩控制能力很强。

此外，一块布料上可能会有无数种颜色，一个房间就更不可能只有 3 种颜色，我们给出的三色参考是搭配的色彩方向，并不是硬性的色值。当你真正运用的时候，可以把单色换成一块类似的有碎花的窗帘或有花纹的家具，或者把绿色直接换成一盆植物、把蓝色换成一张蓝色的天空绘画，这样就可以得到你满意的效果了。

81/61/47/0
61/78/74/30
73/23/6/0

这个作品中，墙面的颜色相对来说很好辨识。桌子、壁画、椅子背上的布料都包含丰富的色彩，此时我们应该怎么判断空间的主色呢？其实，只需要眯起眼睛，模糊掉图案，选择一个相近的颜色即可。或者直接选择你认为面积最大或者最鲜艳的颜色来代表它。餐具的颜色我们也可以参考，但是水果等食物的颜色可以忽略不计。

大自然

居住在城市里的人，个人空间越来越狭小，生活节奏越来越快，每个人都常常处在紧绷的状态。家对人们来说是最安全、最放松的场所。室内设计中，如果能够采用自然界的相关事物进行装饰，则可以使人心旷神怡、情绪稳定且更舒适、更豁达、更健康。

任何门类的设计灵感都源于自然界，事实上没有一种颜色不属于自然界。不过看似最平凡、最容易运用的大自然色彩风格，实际使用时也需要思考和提炼。比如森林图案的墙面、动物造型的摆件、碎花装饰的窗帘等，还有透过窗户射入室内的阳光，这些都可以运用到设计中。

推荐主色：绿色（植物）、黄色（泥土）、嫩红（花朵）。

推荐图案：绿植、花卉、动物、天空。

搭配效果：舒心的、放松的。

- 60/10/33/0
- 25/25/40/0
- 79/0/100/2

- 18/13/72/0
- 69/85/72/0
- 9/49/72/0

- 29/0/26/0
- 59/0/32/0
- 91/44/29/0

- 80/10/45/0
- 33/4/22/0
- 33/4/69/0

- 9/34/26/0
- 61/11/72/0
- 5/61/72/0

- 9/15/40/0
- 51/25/43/0
- 73/17/72/0

- 20/6/15/0
- 25/10/70/0
- 40/10/40/0

- 25/10/60/0
- 64/42/72/0
- 17/2/35/25

- 77/37/69/4
- 47/25/69/0
- 40/8/7/0

- 69/23/43/0
- 84/29/34/68
- 19/3/11/0

- 17/15/72/0
- 53/27/84/0
- 23/80/89/0

- 41/2/51/0
- 0/64/24/0
- 43/70/80/5

- 19/71/28/9
- 8/24/24/0
- 79/44/85/26

- 4/11/46/0
- 55/78/32/1
- 11/74/87/0

- 19/32/43/0
- 39/39/39/0
- 30/78/68/0

- 9/65/53/0
- 69/82/4/0
- 51/29/80/0

- 0/76/68/0
- 76/66/5/0
- 32/14/72/0

- 45/20/40/0
- 11/20/15/0
- 15/70/50/0

- 68/23/67/25
- 67/19/25/16
- 15/6/23/0

- 11/42/14/0
- 29/23/0/0
- 45/0/75/0

○ 30/30/80/0
○ 11/0/75/0
○ 54/0/40/0

● 72/27/100/0
● 75/29/12/0
● 21/67/60/0

○ 0/9/30/0
● 16/37/65/0
● 39/32/95/0

● 69/3/40/0
● 57/27/72/0
○ 9/29/72/0

- 9/13/24/0
- 47/9/72/0
- 89/37/72/0

- 19/18/63/0
- 18/39/55/24
- 9/0/72/0

- 84/80/83/0
- 55/57/35/0
- 22/4/19/0

- 9/42/25/0
- 48/85/50/0
- 9/85/30/0

0/3/53/0

86/31/73/17

43/51/4/0

77/71/5/0

12/46/17/0

9/85/72/0

26/18/38/48

9/51/30/53

42/24/72/0

9/30/25/14

78/85/72/0

20/71/72/0

时尚现代

关于时尚，一种情况是灵感来源于自然界，但不按照自然界的方式去呈现；另一种情况是自然界没有的东西，超出平凡生活的部分，被我们贴上标签归纳为时尚。时尚是夸张的代名词，除了夸张之外，它还有超出我们常规思考范围的意味。

时尚与现代在艺术表达层面都有内部斗争的一面，可以表现出独立的抗争后的张力。构成色彩关系时，为了突显个性，常常需要进行别出心裁的搭配与组合。其实我们没有必要刻意追求大众时尚，因为大众时尚一旦被潮流化，很容易随时间流逝而过时。我们只要寻找高于生活又具有独特个性的那一部分，就足够给人留下深刻而持久的印象了。

推荐搭配：互补、夸张、强烈落差。

搭配效果：意想不到的、没有逻辑性的。

- 71/12/46/0
- 12/15/64/0
- 71/82/46/44

- 83/76/55/49
- 9/26/16/0
- 0/75/72/0

- 81/0/32/61
- 37/55/72/0
- 34/63/18/41

- 6/8/20/0
- 9/100/72/0
- 85/85/72/0

● 19/85/61/17
● 76/32/77/20
● 66/88/79/61

● 23/12/22/0
● 65/79/0/0
● 97/100/38/0

● 50/82/98/38
● 20/55/35/0
● 77/39/65/2

● 91/98/42/9
● 0/95/40/0
● 14/42/58/0

● 100/90/31/0
● 60/20/20/0
● 0/80/74/0

● 12/20/7/0
● 76/95/60/40
● 77/41/16/0

● 68/25/94/0
● 100/100/60/10
● 33/100/100/0

● 69/81/78/53
● 6/45/78/0
● 43/100/100/9

● 72/85/84/0
● 12/93/3/0
● 9/23/72/0

● 52/10/19/0
● 0/94/52/41
● 50/59/80/84

● 0/16/24/13
● 56/85/72/0
● 86/60/72/0

● 9/47/19/0
● 9/85/72/82
● 88/34/72/0

- 25/25/66/0
- 5/41/10/5
- 81/74/76/79

- 0/84/79/0
- 12/30/24/0
- 63/16/40/0

- 80/85/37/0
- 9/58/72/0
- 87/32/34/0

- 18/29/72/0
- 63/85/51/0
- 9/12/15/0

- 14/22/48/0
- 76/66/14/0
- 46/93/81/31

- 38/88/34/49
- 10/9/5/0
- 27/16/82/43

- 49/11/11/0
- 91/87/72/16
- 11/95/4/0

- 81/85/72/0
- 0/10/13/0
- 46/24/72/0

6/0/9/0
0/0/0/100
20/0/100/0

71/18/43/0
67/77/31/20
9/85/21/0

15/100/78/23
92/0/21/2
0/0/0/0

20/0/7/60
65/95/20/100
6/9/20/0

糖果味

如今人们活得越来越年轻，对可爱而甜美的东西没有什么抵抗力。好看的食物其实很得人心，尤其是糖果设计得越来越精美，喜欢糖果味色彩搭配的人群并不是少数。

或许有人想："总不能把家里布置成糖果屋吧！"请不要这样狭隘地思考。实际上我们要学习糖果味设计的特色：清爽、干净、纯粹、自由。糖果味设计的颜色通常不沉重，而且想象力丰富，虽然有强烈的对比，却让人感觉很和谐，这一点与时尚现代配色恰恰相反。时尚现代风格的颜色对比强烈，并且要表现出冲突的感觉。而糖果味色彩风格没有这种对抗性，所以它们用柔和的对比关系，刺激并调动我们的味觉、嗅觉、触觉，随后营造出丰富的想象空间。这些特点是非常有意思的，完全可以运用在室内设计中。

推荐色调：明亮。

推荐搭配：三色以上、微对比、柔和对比。

0/8/14/0
0/48/31/0
9/27/72/0

0/0/13/0
38/35/5/0
0/25/45/0

9/3/16/0
41/19/72/0
9/85/30/0

9/6/29/0
9/35/20/0
9/59/56/0

- 28/85/48/0
- 6/39/6/0
- 13/12/67/0

- 52/0/63/0
- 42/10/100/0
- 20/6/80/0

- 49/87/81/19
- 55/0/15/0
- 35/0/88/0

- 4/0/24/0
- 1/20/8/0
- 41/4/15/0

- 50/6/23/0
- 63/54/12/0
- 27/11/45/0

- 38/14/3/0
- 14/14/8/0
- 30/12/41/0

- 26/14/78/0
- 58/57/3/0
- 15/21/3/0

- 68/6/26/0
- 16/68/53/0
- 14/46/13/0

- 9/43/35/0
- 9/55/29/50
- 9/22/54/0

- 39/72/57/0
- 61/39/72/0
- 1/22/33/19

- 8/18/0/0
- 56/20/24/0
- 9/43/16/0

- 9/14/46/0
- 7/4/20/0
- 40/17/31/0

- 51/11/31/0
- 9/19/72/0
- 3/55/38/45

- 13/45/0/50
- 11/73/23/0
- 3/74/59/0

- 9/85/52/0
- 38/4/13/0
- 9/42/15/0

- 39/0/31/0
- 9/53/61/0
- 9/74/73/0

- 0/38/38/0
- 6/42/13/0
- 39/17/75/0

- 48/2/19/0
- 0/48/55/0
- 13/7/65/0

- 27/33/0/0
- 0/53/22/0
- 12/73/60/0

- 8/50/0/0
- 62/0/21/0
- 10/10/48/0

44/0/100/0
0/50/0/0
0/0/70/0

0/35/25/0
0/55/30/0
0/65/30/0

5/25/38/0
0/55/70/0
40/0/40/0

54/19/6/0
4/30/6/0
55/0/55/0

- 3/24/77/0
- 72/82/67/40
- 11/5/19/0

- 41/41/0/0
- 11/44/31/0
- 17/20/53/0

- 5/4/25/0
- 43/24/72/0
- 29/73/70/0

- 35/95/82/6
- 8/27/71/0
- 86/40/28/0

印象派与艺术感

印象派绘画是西方绘画史上划时代的艺术流派，其影响遍及全世界，代表人物有莫奈、马奈、毕沙罗、凡·高、塞尚、高更等，其绘画作品的色彩尤为出众。他们在户外阳光下直接描绘景物，用思维来揣摩光与色的变化，并将瞬间的光感依据自己脑海中的处理附之于画布上，这种对光线和色彩的揣摩达到了美的极致。

其实室内设计师要想提高自己对色彩的控制力，就要经常向艺术家们学习。从历史上看，不论过去还是现在，不同时期、不同流派的艺术家们的创造力都是惊人的，他们对色彩的表达极为大胆、多变、丰富、细腻，印象派风格只是其中的一种。

推荐装饰：以绘画、布料、印花等方式运用在室内。

推荐搭配：色彩丰富而细腻，但要注意避免单调，否则很难成功。

- 44/19/10/0
- 36/14/37/0
- 20/75/97/0

- 33/38/77/0
- 53/88/88/23
- 22/28/11/0

- 45/74/61/24
- 40/46/30/0
- 15/20/51/0

- 41/52/30/0
- 11/54/50/0
- 47/28/25/0

- 74/59/10/0
- 36/22/58/0
- 31/65/22/0

- 71/66/5/0
- 47/10/31/0
- 57/88/40/0

- 65/54/86/9
- 3/19/0/0
- 57/45/0/0

- 63/68/0/0
- 67/44/99/5
- 25/68/22/0

- 18/45/94/0
- 42/85/92/8
- 11/21/57/0

- 37/78/100/15
- 10/10/76/0
- 67/16/61/0

- 51/6/43/0
- 28/49/78/0
- 12/20/88/0

- 69/45/76/11
- 31/71/86/4
- 7/24/40/0

- 68/32/9/0
- 22/33/73/0
- 50/85/100/24

- 25/55/55/0
- 76/66/47/5
- 35/55/85/0

- 41/40/0/0
- 12/30/78/0
- 14/28/33/0

- 13/10/13/0
- 53/20/50/0
- 34/69/86/0

76/54/52/9
95/76/39/7
44/52/45/0

44/37/92/0
48/20/36/0
64/58/31/0

36/20/49/0
34/83/99/0
65/36/13/0

48/8/33/0
0/8/14/0
18/5/34/0

6/3/16/0
63/10/57/0
52/44/65/15

- 100/68/10/20
- 66/80/15/0
- 19/8/64/8

- 24/70/87/0
- 69/78/76/50
- 64/42/78/0

- 44/77/70/6
- 20/31/52/11
- 74/80/38/6

- 6/16/23/0
- 53/34/60/0
- 6/17/84/0

- 15/65/85/0
- 25/88/88/0
- 50/30/30/0

- 70/33/18/25
- 43/87/84/15
- 21/51/51/0

- 21/82/78/0
- 14/40/54/0
- 46/77/91/55

- 53/43/84/0
- 65/88/84/58
- 44/71/100/9

森女系

森女是指崇尚简单的生活方式、打扮得像是从森林中走出来的女孩，她们的气质像原始森林般自然纯净。森女有些北欧风情，喜欢多肉植物，并不盲目追求名牌，喜欢自然舒适的衣物，更加热爱自然舒适的生活。

森女文化进入室内设计是一件很正常的事情，因为一旦建立了完整的生活理念，自然会在日常生活的很多行为里得以体现。森女系色彩特点很低调，平和无争。不论选择暖色还是冷色为主色调，都会搭配得比较柔和，整体基调淡雅、朴实，但又不落俗套，很有个性和主张。设计时可以在布料、图案、植物摆设、装饰物上多花一些心思。

推荐色调：淡浊色调。

推荐搭配：与世无争的、温和的、平静的。

- 8/22/29/21
- 57/55/49/15
- 9/15/33/12

- 39/51/39/20
- 52/33/56/23
- 49/34/27/0

- 24/52/46/28
- 9/20/49/0
- 18/39/72/0

- 42/23/52/13
- 51/20/27/34
- 17/8/19/12

- 63/39/72/0
- 62/85/72/0
- 9/69/72/0

- 18/43/47/30
- 45/28/63/56
- 37/73/60/0

- 9/59/45/0
- 9/30/32/0
- 9/37/61/0

- 45/21/60/0
- 30/40/29/0
- 22/21/64/0

- 33/68/19/0
- 9/64/34/0
- 9/57/45/0

- 17/34/38/14
- 65/63/72/0
- 9/26/39/0

- 30/50/31/10
- 71/85/72/0
- 60/85/72/0

- 42/19/17/0
- 9/7/23/0
- 59/65/40/0

18/23/26/0
40/71/82/0
50/89/100/32

- 51/19/22/0
- 37/54/48/0
- 37/78/48/53

- 9/71/61/0
- 60/57/72/0
- 9/8/9/0

- 25/76/58/15
- 64/78/47/15
- 9/7/16/0

- 46/36/45/0
- 9/44/44/0
- 37/58/40/0

- 30/64/27/16
- 37/56/51/0
- 9/58/72/0

- 16/79/59/18
- 16/67/65/34
- 9/59/36/22

- 39/63/59/32
- 51/53/72/0
- 35/67/52/0

- 40/32/48/0
- 78/49/57/0
- 67/49/76/0

- 54/44/51/0
- 16/6/19/11
- 47/20/27/0

- 47/52/38/0
- 9/22/12/0
- 9/24/38/0

- 22/43/42/0
- 9/38/18/0
- 24/19/32/0

- 13/12/10/0
- 18/21/42/0
- 31/18/29/0

- 77/22/42/58
- 18/38/47/45
- 5/20/22/22

- 15/16/20/0
- 81/78/47/0
- 38/54/40/0

- 72/60/60/0
- 39/65/62/0
- 31/20/24/0

- 65/48/72/0
- 10/6/23/0
- 74/48/41/37

古典与装饰

古典风格主要追求华丽、高雅，其中可以用 6 种风格来简述：罗马风格、哥特风格、文艺复兴风格、巴洛克风格、洛可可风格和新古典主义风格。家具材料可以采用柚木、橡木、胡桃木、黑檀木、天鹅绒、锦缎和皮革等，五金件用青铜、金、银、锡等。浮雕是常用的装饰手法，雕刻丰富多彩，追求奢华，表面镶嵌贝壳、金属、象牙等，或以木片镶嵌，整体色彩较暗，表面采用漆地描金工艺，画出风景、人物、动植物纹样，有些家具的雕饰上会包金箔。因此色彩以白、红、金色和少量黑色为主。传统古典风格用白色更多一些，但是新古典主义风格不绝对如此，红色和厚重的棕色等也都很常见。

推荐色调：白色、金色、红色、棕色。

推荐图案：复杂的、烦琐的、修饰感强烈的、重复的。

推荐质感：金属，浮雕与半浮雕可以为任何材质。

- 2/13/12/0
- 52/15/14/33
- 33/84/70/23

- 25/85/72/71
- 34/0/10/48
- 20/17/14/0

- 68/83/32/0
- 76/88/79/22
- 67/19/42/0

- 78/80/43/0
- 9/85/36/59
- 9/11/17/0

- 48/90/81/13
- 23/8/27/0
- 65/78/80/25

- 77/64/27/0
- 18/22/12/0
- 62/78/57/18

- 30/46/41/0
- 51/87/74/35
- 67/46/60/0

- 32/1/41/0
- 38/48/84/0
- 41/74/54/7

- 29/49/81/0
- 12/44/24/0
- 65/30/20/0

- 27/40/75/0
- 35/16/20/0
- 54/81/100/41

- 79/88/83/24
- 74/78/19/0
- 33/8/24/0

- 9/52/51/0
- 96/85/75/0
- 80/81/52/0

- 20/14/22/0
- 39/85/70/0
- 49/65/85/14

- 40/32/71/0
- 15/86/45/65
- 17/77/86/14

- 38/83/91/42
- 78/44/55/3
- 0/50/85/29

- 30/23/25/0
- 70/52/58/31
- 20/38/95/7

● 54/71/75/8
● 30/39/62/0
● 17/15/27/0

● 4/3/4/8
● 68/57/57/2
● 0/52/86/29

● 36/30/47/12
● 78/68/58/17
  0/0/0/7

● 17/8/5/39
● 4/14/60/8
● 4/3/3/7

明媚光

没有人会讨厌阳光，有落地窗的房间令人们格外钟情。如果对光线不能善加利用，从而进行设计，反而会使房间看起来很昏暗，影响心情。如果遇到房型不好的情况，那么室内色调就会愈加暗淡，给人闭塞的感觉。软装设计可以规避错误，也可以弥补一些缺陷。

并不是说要体现明亮就只能用白色，实际上暖色、明亮色调的颜色都可以使用。颜色面积可以略大一些，然后搭配一些刻意使用的深色调，用来突出某一个区域的光感，效果会更好。

推荐主色：暖色、明亮色调、白色。

9/27/21/0
9/61/72/0
9/44/72/0

14/10/30/0
79/0/29/0
9/47/28/0

9/15/13/0
35/21/72/0
72/85/72/0

3/11/46/13
9/42/58/0
50/60/47/0

- 9/15/12/0
- 9/34/12/0
- 9/31/72/0

- 9/24/28/0
- 31/16/14/0
- 50/31/39/0

- 9/8/14/0
- 59/28/39/0
- 9/71/44/0

- 10/13/32/0
- 9/17/72/7
- 40/45/36/75

22/18/54/0
17/12/16/0
72/71/64/35

- 3/13/29/0
- 16/23/58/0
- 40/21/36/0

- 37/14/15/0
- 9/15/12/0
- 61/85/22/0

- 9/34/23/0
- 9/22/72/0
- 46/34/58/0

- 23/11/16/0
- 9/22/72/0
- 9/85/27/0

9/7/17/0
9/0/5/0
9/17/54/0

11/33/12/0
9/21/29/0
28/23/18/0

21/13/19/0
9/12/72/0
41/9/38/18

40/7/19/0
9/9/72/0
36/49/5/0

0/17/0/0
81/48/72/0
9/33/32/0

17/0/12/0
65/38/39/0
9/26/72/0

14/8/13/0
0/0/47/0
22/13/72/0

4/11/18/0
5/14/72/0
59/85/72/0

0/0/50/0
24/0/24/0
9/32/35/0

9/6/16/0
9/22/72/0
29/85/54/0

9/36/52/0
9/20/72/0
57/26/21/0

0/4/29/0
9/0/11/0
9/14/72/0

 19/69/72/0
33/39/47/0
12/38/50/0

0/3/10/0

34/18/22/0

9/44/75/0

0/2/12/0

9/7/33/0

9/25/19/0

9/5/25/0

9/21/72/0

52/85/42/0

18/7/2/14

2/32/16/0

9/12/76/0

工业感

工业风、LOFT 风格总是给人一种废弃厂房的印象。在 20 世纪 40 年代，这种居住生活方式首次出现在美国纽约，人们对工厂或仓库进行整修，改为工作室和住宅。后来这种风格逐渐时髦起来，演化成为一种时尚的居住与生活方式，其内涵已经远远超出了最初含义，而成为复式、环保、低碳、开敞空间、智能家居等内涵的代名词。

关于工业风格的灵感随处可见：忙碌的人行道、上下班疾步行走的年轻人，每个人对城市都有陌生又熟悉的疏离感。钢筋水泥建筑遍布整个城市，安全帽的橙色、公共汽车的黄色、砖头的红棕色、代表科技进步的蓝色、傍晚霓虹灯闪烁的五颜六色⋯⋯工业风格少有明亮感的设计，但也不是完全没有，本书配图中专门提供了淡色系的工业风格作品以作为参考。不过这种工业感的设计更多的是以暴露原材料本来颜色的方式呈现，比如红砖、水泥地、木头、金属⋯⋯色彩方面可以浓厚一点儿，冷色调更多一点儿。

推荐主色：冷色、有点脏脏的颜色。

- 48/48/48/0
- 34/43/78/4
- 92/43/65/58

- 9/73/52/46
- 86/49/72/0
- 84/85/56/0

- 67/79/70/23
- 68/44/54/0
- 80/81/74/46

- 30/19/18/0
- 86/85/72/0
- 9/85/88/0

- 9/26/28/18
- 13/76/33/54
- 79/83/57/0

- 34/18/15/0
- 20/11/49/53
- 9/12/76/41

- 59/41/14/0
- 19/23/26/0
- 9/66/72/57

- 21/16/16/0
- 10/35/18/45
- 79/52/51/17

- 25/25/15/0
- 67/51/24/0
- 18/32/42/0

- 83/76/68/27
- 52/62/53/0
- 16/28/34/0

- 86/73/62/0
- 77/78/56/21
- 9/25/72/0

- 59/38/54/45
- 77/78/26/30
- 9/64/72/0

82/39/22/0
15/68/80/0
47/60/48/25

- 88/85/72/46
- 9/5/4/51
- 85/2/43/11

- 83/93/68/0
- 6/62/70/36
- 62/29/68/0

- 83/78/73/0
- 21/62/85/35
- 24/12/31/18

- 9/85/64/83
- 63/18/30/0
- 34/34/72/0

- 21/9/12/19
- 9/21/17/15
- 83/72/52/0

- 21/0/0/29
- 27/17/30/0
- 70/60/60/10

- 49/19/22/0
- 25/20/19/0
- 58/16/39/0

- 19/13/6/19
- 9/69/67/0
- 26/55/18/0

海洋天空

地中海风格是海洋风的典型代表，它通过取材天然材料的方案来体现向往自然、亲近自然、感受自然的生活情趣。在家具选配上，通过擦漆做旧的处理方式，搭配贝壳、鹅卵石等；在材质上，一般选用自然的原木、天然的石材等；在色彩上，通过以海洋的蔚蓝色为基础色调的颜色搭配方案，加上自然光线的巧妙运用、富有流线感及梦幻色彩的线条等软装特点来表述其浪漫情怀。

不过只讨论地中海风格是不够的。所谓海天一线，海洋和天空是不可分割的，并且都是蓝色的。有些家居设计用了蓝色，但并没有采用地中海风格的材质特点。同时，本书的重点在色彩本身，并不在不同的风格派别上，因而将这一节定为"海洋天空"。

推荐主色：以蓝色、白色、黄色为主色调，看起来明亮悦目。

- 15/15/65/0
- 21/20/21/0
- 79/25/6/0

- 87/85/18/0
- 9/16/44/0
- 9/52/50/0

- 90/28/26/0
- 15/0/0/0
- 9/49/65/0

- 64/7/6/0
- 0/4/10/0
- 48/85/72/0

- 100/95/5/0
- 8/4/9/0
- 49/27/22/0

- 81/4/17/0
- 9/11/19/0
- 12/0/0/0

- 100/55/0/0
- 39/3/15/0
- 80/9/30/31

- 88/85/23/0
- 9/15/72/0
- 0/0/0/0

- 77/0/18/0
- 64/71/77/34
- 37/0/18/0

- 49/15/21/0
- 92/69/36/11
- 2/36/61/0

- 78/60/32/0
- 47/16/12/0
- 19/35/46/0

- 57/0/10/0
- 22/34/18/0
- 11/80/96/2

84/71/25/10
13/31/42/0
23/14/6/0

- 100/76/37/19
- 88/30/25/0
- 25/78/58/0

- 12/12/2/0
- 97/90/38/2
- 75/15/55/0

- 20/9/76/0
- 74/68/56/9
- 91/86/12/0

- 71/20/21/0
- 0/0/0/9
- 73/85/18/0

60/10/20/0

9/10/11/0

10/24/43/23

67/42/17/0

4/32/12/0

9/20/22/0

43/13/0/0

68/8/19/17

9/33/33/0

28/8/15/0

55/13/13/0

6/70/76/26

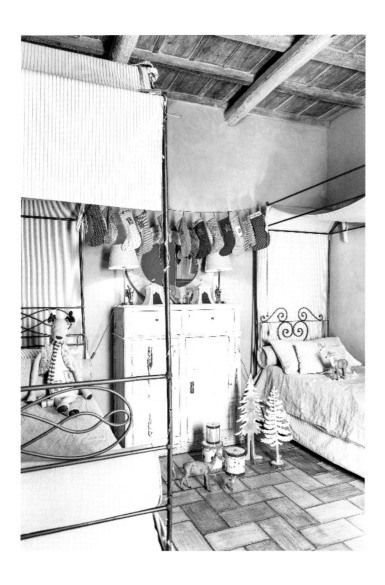

52/6/9/0
19/36/46/0
14/7/2/0

- 89/85/18/0
- 12/85/100/0
- 9/12/13/0

- 73/31/6/0
- 0/0/18/0
- 9/84/17/0

- 43/15/0/0
- 100/49/10/50
- 4/55/40/0

- 40/0/8/0
- 75/0/15/0
- 11/80/96/2

富丽华贵

虽然古典风格也追求华贵感，但是从色彩感受角度谈富丽与华贵，就远远超出了古典风格的范畴。

每个时代、每个国家，不同文化对奢华的认识是不同的。比如在古代西方，紫色非常昂贵，需要很多紫螺（一种海螺，周身紫色）才能染出来一匹布。在中国古代的某些朝代（如明清时期），帝王才能使用黄色。

尽管在主色上有些差异，但是从总体搭配来看，如果想要营造富丽堂皇、华贵大气的室内氛围，色彩上的表达必定是丰富的、浓郁的。这种风格强调了装饰的烦琐，颜色可以略深一些，采用深浊色调的对比。

推荐搭配：浊色搭配，颜色发暗，色彩丰富、浓郁。

- 18/85/61/9
- 72/26/57/38
- 75/12/31/0

- 71/53/28/0
- 32/63/50/47
- 52/85/63/0

- 62/85/41/0
- 76/60/72/0
- 40/85/72/0

- 9/85/28/0
- 73/85/72/0
- 86/39/72/0

- 53/100/79/43
- 72/65/71/55
- 47/58/68/0

- 58/74/71/16
- 9/76/72/0
- 72/100/47/27

- 82/60/80/0
- 16/35/79/60
- 37/69/66/53

- 87/54/72/57
- 69/85/38/43
- 43/85/67/35

- 65/29/19/0
- 51/85/72/0
- 9/55/72/0

- 57/50/72/0
- 9/65/72/0
- 9/85/39/0

- 44/93/57/0
- 76/39/47/0
- 9/55/29/0

- 40/44/17/0
- 68/85/72/0
- 16/86/72/0

- 76/35/27/0
- 45/85/72/0
- 75/79/72/44

- 6/80/49/53
- 80/53/72/0
- 31/45/60/0

- 50/80/100/22
- 77/75/41/30
- 68/44/91/29

- 85/64/37/17
- 27/67/89/0
- 38/63/47/19

力量权威

这种风格其实并不少见，尤其是在一些房子比较高并且空间比较大的室内，可以放得下很气派的家具，主人多数为男性，有一定社会地位与财富，可能会选择这种风格。一般可以搭配真皮沙发、实木家具、落地的装饰物、较高的楼梯、华丽的吊灯。

从颜色来看，力量感、权威感强的设计很多时候需要选择黑色、棕色、高级灰、深棕色等。厚重的颜色看起来稳定、严谨、气派，具有震慑力。

如果是小房型，也可以采用以黑色为主的设计，这个时候可以着重用黑色、深色体现时尚、前卫、个性。如本节图示中，部分黑色设计反而会表达出一种安全感、时尚感和可靠而稳重的独特魅力。

推荐主色：黑色、深棕色。

- 79/85/72/57
- 58/76/51/26
- 31/44/72/0

- 74/85/72/49
- 33/52/28/0
- 31/78/72/0

- 83/79/53/28
- 80/74/63/19
- 9/78/72/0

- 81/85/72/0
- 60/85/72/0
- 70/22/41/0

● 69/9/47/83
● 47/18/16/63
○ 0/0/0/0

● 77/80/42/52
● 9/35/72/0
● 16/71/45/70

4/4/13/0
● 84/87/83/0
● 66/91/79/0

● 90/81/58/37
● 9/23/46/0
● 9/68/72/0

50/88/84/26
59/70/76/62
18/32/42/0

77/68/64/27
21/37/37/0
0/0/0/0

- 43/93/100/10
- 72/81/78/56
- 21/31/45/0

- 70/100/100/50
- 83/79/45/7
- 62/13/29/0

- 9/28/16/0
- 51/27/72/75
- 46/85/82/0

- 53/73/72/0
- 72/50/70/68
- 0/0/5/20

94/87/88/80
53/21/53/0
22/31/90/0

- 100/100/100/0
- 41/26/27/24
- 9/14/22/0

- 85/80/43/31
- 80/85/75/100
- 9/13/7/0

- 10/12/50/80
- 77/83/79/46
- 66/16/46/0

- 30/26/26/0
- 55/77/84/26
- 73/66/62/22

温馨舒适

大多数人希望家能给自己带来安全感，并且可以完全放松。用温馨舒适来形容室内装修风格其实是比较难的，只要符合主人的喜好，哪怕是硬邦邦的实木椅子，或许他也觉得很舒服，而换一个人可能就会觉得太刻板了。

但是用温馨舒适来形容对颜色的感受，则会非常合理。这类颜色比较淡雅，但不是过于轻薄，也不是过于沉重，更不是过于活泼浓烈。可以是冷色，也可以是暖色。色彩不见得非常多，但是彼此融洽，对比柔和。

温馨感主要来自暖色系。需要特别说明的是，蓝色也有暖和冷的分别。如果是暖蓝，比如淡湖蓝色，也很适合这个主题。

推荐主色：暖色系的橙、黄、蓝、红色。

推荐搭配：颜色可以多一些，但是总体柔和，对比较弱。

- 9/46/37/0
- 43/7/25/0
- 4/17/50/0

- 28/22/17/0
- 11/9/14/0
- 19/56/44/0

- 20/41/74/0
- 4/12/29/0
- 41/25/31/0

- 19/12/48/0
- 9/62/27/0
- 57/17/35/0

- 21/23/47/0
- 16/18/18/0
- 7/12/16/0

- 40/57/65/4
- 27/34/61/0
- 48/79/89/13

- 20/5/18/0
- 8/11/27/0
- 20/13/70/0

- 23/10/24/0
- 43/59/61/5
- 45/21/19/0

- 28/24/33/0
- 35/22/90/0
- 65/44/16/0

- 17/18/35/0
- 14/17/83/0
- 33/19/25/0

- 20/50/50/0
- 36/24/19/0
- 11/24/16/0

- 37/49/53/0
- 18/13/38/0
- 26/26/57/0

- 40/13/42/0
- 25/34/43/0
- 30/69/74/0

- 30/52/55/0
- 29/19/43/0
- 61/85/81/0

- 42/14/13/0
- 9/35/35/0
- 46/70/72/0

- 25/21/42/0
- 9/26/54/0
- 13/14/31/0

- 22/15/32/0
- 60/50/70/0
- 43/81/80/6

- 45/92/92/25
- 42/45/29/0
- 22/22/42/0

- 2/5/19/16
- 54/93/87/26
- 61/73/81/35

- 50/21/47/58
- 48/81/70/24
- 13/14/44/0

干练知性

干练与知性不完全对等，但又有相同的地方。知性表示一个人性格稳重、文化修养高、职业习惯良好等，可以以书柜、摆件柜等为中心按照主角色搭配原则进行配色。干练则是不烦琐，直接而且明确。

二者的共性是个性化，高档又不烦琐。比简约现代多了一些趣味，比温馨舒适多了几分职业感，比高雅气质多了几分犀利的理性，比工业感、海洋天空更重视社交的部分。因而，这种风格更偏向以冷色为主的搭配，同时柔和里面带有对抗。并不是暖色不能用，而是太过张扬的暖色不太适合。

其实它的颜色不见得非常丰富，只要明确就好，甚至可以大面积使用黑、白色，地毯再加上些颜色。或者就用木制的设计，用小范围布料的颜色进行点缀，制造一点跳脱的感觉，再用独特的摆件、精美的绘画、格调高雅的餐具、格调平实的床品等来宣示自己的主张，这样会更吸引人。

推荐主色：冷色、白色、木色。

40/70/100/10
43/100/100/12
88/57/40/4

- 86/81/55/25
- 45/85/92/13
- 48/35/31/0

- 35/61/60/8
- 80/71/56/0
- 22/29/33/8

- 52/12/34/0
- 56/83/97/47
- 54/67/78/31

- 89/60/36/0
- 17/60/65/0
- 65/85/72/0

76/70/42/15
78/62/30/0
55/62/55/2

- 9/9/25/25
- 45/91/73/23
- 48/35/31/0

- 8/9/10/8
- 34/7/49/71
- 25/60/33/8

- 84/89/38/4
- 29/17/24/0
- 24/10/34/36

- 30/20/10/6
- 38/54/73/24
- 0/0/0/10

浪漫柔美

浪漫与柔美还是有一些差别的，它们的共性就是都偏爱紫色。

浪漫与柔美的区别是：浪漫体现了成年人的个性和喜好；柔美则偏向于表达少女的心态，粉色、淡蓝都是不错的选择。

推荐主色：紫色、淡蓝、淡灰、淡绿。

239

- 14/52/24/0
- 14/37/39/0
- 9/24/18/0

- 29/19/10/21
- 0/0/25/25
- 37/4/17/0

- 53/57/25/2
- 45/80/46/7
- 14/15/19/0

- 52/25/41/7
- 31/13/18/0
- 50/0/25/19

- 37/14/26/0
- 10/12/12/0
- 13/34/18/0

- 12/6/32/0
- 28/16/24/0
- 41/36/49/0

- 13/24/11/0
- 16/8/2/0
- 53/29/20/0

- 6/5/12/0
- 16/9/26/0
- 15/0/5/0

- 16/44/0/0
- 15/92/60/13
- 50/34/0/0

- 31/64/10/0
- 0/53/20/4
- 54/19/27/8

- 9/18/13/26
- 16/82/0/0
- 0/19/5/0

- 65/48/27/4
- 0/53/12/17
- 25/63/62/0

- 44/28/28/0
- 10/5/4/0
- 60/38/38/0

- 55/58/86/27
- 18/23/47/0
- 24/40/32/0

- 0/26/5/0
- 25/0/60/15
- 3/7/24/11

- 38/0/26/14
- 30/15/15/0
- 24/68/48/11

干净纯洁

喜欢安静的人，通常特别喜欢纯白色的家。但这并不意味着整个房间里只有白色这一种颜色。想要营造干净、纯洁的氛围，可以有很多种呈现的形式与风格。

尤其在色彩方面，可以控制色彩的浓度，使其稀薄一点，让颜色看起来像是可以"飞起来"一样。搭配的时候，其实忌讳并不多，因为淡淡的颜色之间对抗性要弱一些，所以怎么搭配都不成问题。使用黑白组合也可以，只要黑色的面积不太大就好。

推荐主色：白色、淡蓝色。

推荐搭配：白色系、淡雅色系、黑白搭配（黑色要少一点）。

8/6/6/0
26/19/15/0
53/45/37/0

16/10/13/0
30/18/29/0
0/0/0/0

27/5/16/0
7/0/3/0
14/9/23/0

0/11/49/0
11/0/0/7
0/0/0/0

0/0/0/5
 29/7/30/0
0/0/0/20

0/0/10/1
9/0/72/0
29/5/14/0

0/12/16/21
28/6/20/0
0/0/1/0

48/10/2/0
0/0/0/0
9/0/17/0

0/0/10/0
 5/18/7/0
7/7/8/0

15/0/15/0
10/12/2/0
6/4/11/0

0/7/6/0
9/0/0/6
9/11/16/0

8/5/0/6
8/0/0/0
0/7/11/0

5/6/8/0
33/8/75/0
46/0/56/0

27/8/8/0
9/21/20/20
0/0/0/0

9/8/0/0
0/0/0/0
0/41/15/0

0/0/0/0
0/0/0/17
0/0/0/100

0/9/9/0
0/0/2/0
46/11/61/0

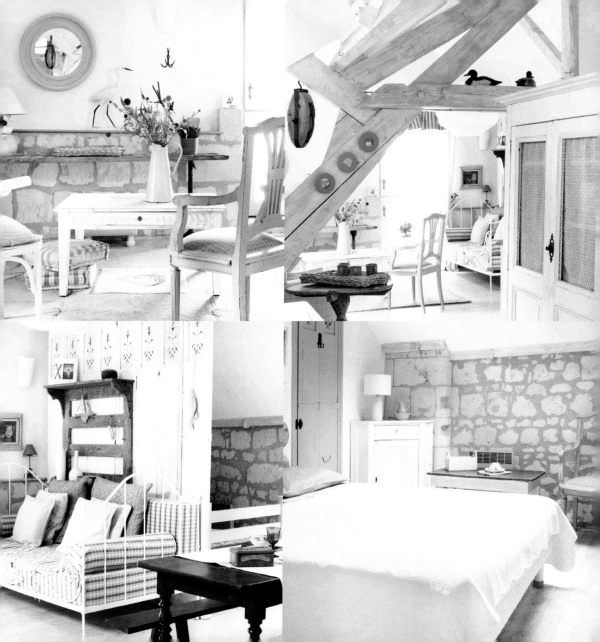

高雅气质

高雅、优雅这类感受都避不开浊色色调，比如紫色、淡褐色。

相比于暖色，高雅、优雅格调更适合使用冷色系，例如蓝色、橄榄绿等。为什么不推荐暖色呢？因为暖色会有上升感、浮躁感，使情绪上扬。而高雅、优雅要有一些距离感，并且具有沉稳的印象，不适宜用纯度高、对比强烈的色彩及组合。

推荐主色：高级灰、紫色、亚蓝色、红棕色等。

- 33/28/20/0
- 5/8/0/0
- 64/86/39/16

- 67/59/47/1
- 43/82/100/10
- 5/5/2/0

- 66/26/23/0
- 37/84/41/0
- 70/62/51/7

- 54/20/30/0
- 80/63/47/6
- 35/83/66/0

- 31/46/48/0
- 61/26/38/0
- 38/73/76/0

- 55/32/22/0
- 42/66/34/0
- 20/67/49/0

- 55/68/34/0
- 25/34/25/0
- 21/49/48/0

- 13/33/22/0
- 86/66/55/16
- 26/15/13/0

265

- 26/19/18/0
- 42/27/17/0
- 18/21/31/0

- 31/27/27/0
- 52/84/93/25
- 43/50/95/0

- 32/75/48/12
- 50/0/25/19
- 55/48/14/0

- 49/57/21/0
- 77/93/14/0
- 37/80/16/0

- 71/85/72/0
- 47/34/58/0
- 41/68/44/0

- 68/61/45/0
- 68/85/49/0
- 65/27/27/0

- 88/87/44/9
- 45/85/55/0
- 10/10/3/0

- 41/77/80/10
- 46/20/34/0
- 0/50/84/29

简约现代

简约起源于现代派的极简主义，也常常被人说成北欧风格。其特点就是简单而有品位，将设计元素、色彩、照明、原材料简化到最少的程度，但对色彩、材料的质感要求很高。简约的空间设计通常非常含蓄，往往能达到以少胜多、以简胜繁的效果。因此，设计不要烦琐，空间上要有一定的留白。

同时，简洁、实用、省钱是现代简约风格的另一特点。这是因为人们希望在经济、实用、舒适的同时，体现一定的文化品位。而简约风格不仅注重居室的实用性，还体现了精致与个性，符合现代人的生活品位。

从色彩上看，只要色彩组合不烦琐就都是可以的。关键在于不要使用太多颜色，如果对色彩的把握能力不强的话，可以选择黑色组合。

推荐搭配：颜色不宜多。

- 50/38/30/0
- 52/77/83/20
- 38/57/57/0

- 11/4/5/0
- 77/85/72/0
- 9/19/23/0

- 16/14/31/0
- 42/0/25/0
- 44/40/42/0

- 18/8/15/0
- 14/35/62/0
- 60/45/33/0

- 55/21/29/0
- 71/77/59/24
- 25/51/51/0

- 13/4/14/0
- 62/40/17/0
- 52/72/86/18

- 41/45/80/0
- 73/47/28/0
- 43/81/79/12

- 48/24/22/0
- 23/3/75/0
- 87/72/53/15

13/15/30/0
51/78/87/46
19/67/96/0

活力印象

这类风格适用于两种情况：一种情况是，喜爱健身、运动的年轻人或者性格比较活泼的人喜欢室内设计张扬、活泼一些；另一种情况是，部分民族文化本身就喜欢运用夸张的对比色彩，而这种色彩正好营造出活力印象，体现艳丽多姿的格调。

从色彩上营造活泼、明亮、艳丽的效果不是很难，主要使用纯度比较高的颜色，并且对比比较强烈。颜色还要多一点，争奇斗艳，彼此都有一席之地，很难分出主次，自然会显得色彩比较活泼。

推荐主色：纯色系。

推荐搭配：对比强烈。

- 19/78/100/9
- 100/0/100/12
- 53/72/74/47

- 75/0/15/0
- 0/26/5/0
- 3/63/92/0

- 0/10/100/0
- 53/18/71/0
- 10/78/23/0

- 0/23/100/0
- 100/0/0/0
- 78/78/0/0

- 5/75/100/0
- 91/75/10/0
- 62/0/32/0

- 0/0/100/0
- 78/100/0/0
- 0/0/0/0

- 0/100/100/0
- 84/26/56/0
- 0/23/100/0

- 0/43/100/0
- 35/0/100/0
- 0/80/100/0

- 34/7/81/0
- 14/68/86/0
- 100/52/0/0

- 0/78/65/12
- 0/19/98/0
- 77/1/0/0

- 0/100/100/0
- 60/0/25/18
- 92/100/0/13

- 50/0/0/0
- 0/75/100/0
- 46/100/34/0

30/3/86/0
78/70/3/0
11/83/87/0

- 32/0/4/0
- 0/100/100/0
- 0/0/100/0

- 100/0/0/0
- 0/50/0/0
- 0/95/20/0

- 50/0/45/0
- 0/70/75/0
- 0/34/54/0

- 86/72/24/14
- 0/86/11/10
- 0/0/0/0

- 15/31/70/0
- 82/18/17/0
- 14/68/86/0

- 14/50/70/0
- 84/76/30/0
- 72/21/82/10

- 67/20/39/18
- 25/79/76/32
- 0/12/54/13

- 82/49/31/0
- 11/32/84/0
- 30/100/63/0

原木情结

从木质的地板、房顶、床、桌子，到木质的雕刻、楼梯等，可以说从实木到仿制品，木头非常受人们喜爱。

木头有很多种颜色，如发红、发黑、发白、发黄等不同的棕色、褐色。木头不论大面积使用，还是小面积点缀，只要出现在室内，就会给人一种天然而安全的感觉。不同国家、不同文化与民族的人们都很喜爱木质装修效果。从色彩的角度来说，木头与任何颜色搭配都不会显得突兀。但千万不要认为棕色、褐色在服装或影视里也会如此受欢迎。实际上，木头的棕色与褐色只有在室内设计中作为特别的材料色彩，与其他颜色搭配才显得那么合理，因而可以放心大胆地使用。

推荐搭配：为了反衬木头的颜色，可以选择一些明亮的色彩与之搭配。

- 52/79/84/23
- 78/46/56/4
- 30/97/86/15

- 28/80/74/28
- 26/55/92/15
- 49/28/89/22

- 68/82/95/37
- 47/69/85/9
- 76/63/66/22

- 49/60/74/7
- 68/47/46/45
- 35/26/20/6

- 25/40/65/0
- 66/85/72/0
- 71/43/38/0

- 55/65/65/8
- 17/9/7/0
- 68/85/72/35

- 44/52/60/0
- 0/52/86/29
- 0/15/36/9

- 33/31/46/11
- 0/21/35/17
- 40/84/92/42

- 45/84/92/13
- 31/49/43/0
- 21/21/27/0

- 58/86/100/47
- 48/82/100/16
- 57/54/32/0

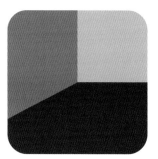

- 57/84/100/43
- 31/66/82/0
- 15/31/62/0

- 34/68/55/0
- 11/9/84/0
- 20/45/60/6

● 9/59/56/50
○ 0/0/7/11
● 41/16/0/33

● 16/0/6/19
● 26/66/58/62
● 67/35/60/24

● 28/33/44/10
● 83/85/72/0
● 9/18/72/0

● 43/32/63/16
● 9/32/68/8
● 36/52/94/29

田园

田园风格的设计特点是崇尚自然而反对虚假的华丽、烦琐的装饰和雕琢的美。它摒弃了经典的艺术传统，追求古代田园一派自然清新的气象，在视觉上不是表现强光重彩的华美，而是突显纯净自然的朴素，以明快清新、具有乡土风味为主要特征，以自然随意的款式、朴素的色彩表现一种轻松恬淡、超凡脱俗的情趣。

田园风格的设计核心是回归自然，不精雕细刻。从大自然中汲取设计灵感，常取材于树木、花朵、蓝天和大海，把触角时而放在高山雪原，时而放在大漠荒野，虽不一定染满自然的色彩，但一定要褪尽都市的痕迹，远离谋生之累，进入清静之境，表现大自然永恒的魅力。在色彩搭配上比较清雅，以奶白色、不沉重的木色为主。纯棉质地、小方格、均匀条纹、碎花图案、棉质花边等都是田园风格中常见的元素。

推荐主色：白色、淡木色、灰白等。

- 22/25/50/9
- 42/61/94/50
- 37/64/56/37

- 5/26/39/0
- 50/29/65/9
- 37/23/21/5

- 34/73/66/25
- 37/23/22/5
- 9/57/57/0

- 6/7/14/0
- 35/18/23/10
- 12/39/59/0

- 29/38/68/20
- 3/7/24/11
- 38/13/48/26

- 3/7/24/11
- 18/42/34/0
- 25/0/60/15

- 20/0/18/17
- 24/0/0/43
- 57/40/83/24

- 59/37/39/0
- 2/0/4/11
- 13/24/41/0

- 8/20/62/16
- 7/1/8/18
- 60/63/54/0

- 13/15/31/24
- 1/1/13/15
- 31/30/98/34

- 0/0/0/6
- 10/0/0/25
- 30/0/8/0

- 12/3/16/7
- 20/85/100/55
- 28/62/92/15

● 14/48/57/17
● 59/37/39/0
● 0/26/11/7

1/1/7/0
1/1/13/8
● 16/55/30/0

● 16/14/7/28
6/7/14/0
● 12/39/59/0

● 5/0/6/14
● 43/32/63/16
● 20/72/90/12

中式

中式风格的代表是中国明清传统家具及中式园林建筑。其中传统中式风格是一种以宫廷建筑为代表的室内装饰风格，高空间、大进深，气势恢宏、壮丽华贵、金碧辉煌、雕梁画栋，造型讲究对称，色彩讲究对比，装饰材料以木材为主，图案多龙、凤、龟、狮等，精雕细琢、瑰丽奇巧，但装修造价较高。现代中式风格则是在墙上挂一幅中国山水画、中国书法等，书房里摆设书柜、书案以及文房四宝，运用东方"留白"手法营造诗意。

总之，中式体现出对称、简约、朴素的效果，格调雅致，文化内涵丰富，以红色、水墨等颜色为主。

推荐主色：红色、水墨。

38/80/66/18
69/77/79/50
40/37/26/0

36/98/96/4
92/85/21/0
33/70/100/4

- 28/62/92/15
- 36/79/65/60
- 30/97/86/15

- 29/94/70/53
- 69/79/67/0
- 28/80/74/28

- 37/49/57/88
- 6/94/100/35
- 9/85/72/56

- 54/90/56/57
- 20/85/100/55
- 60/14/11/84

- 30/97/100/0
- 82/82/90/72
- 1/1/13/15

- 66/90/98/44
- 61/79/83/19
- 10/71/69/52

- 0/0/7/18
- 28/37/74/28
- 30/97/86/15

- 20/85/100/55
- 35/26/20/6
- 2/1/11/0

45/84/84/34
88/85/53/24
28/47/27/0

   49/86/92/21
68/86/87/47
32/47/34/0

56/69/99/22
3/15/24/0
71/84/100/63

56/97/100/48
16/31/55/0
66/86/86/57

禅意

东方禅意风格的代表是中式泼墨山水式和日式洗练素描式。此类设计重视诗画情意，营造意境，达到寓情于景、情景交融的境界，自然景物常被赋予人格美、品德美和精神美。庭院追求的是一种清新高雅的格调，注重文化的积淀，讲究气质与韵味，强调点、面的精巧。

从色彩的层面看，主要是棕色、褐色、木头的颜色、灰白、红色等。整体风格宁静、质朴，甚至是简约。不用俗气的艳色，各种润饰也降到最低限度。注重地面的装饰，木质材料特别是木平台会经常使用。此外还有不规则的鹅卵石与河石，以及碎石、残木、青苔石组和竹篱笆等。松、竹、石、莲等组合在一起，显得古朴、精巧。

推荐主色：褐色、各种木头的颜色。

● 49/70/85/10
● 57/80/99/40
● 76/71/6/0

● 35/51/62/0
● 42/73/67/8
○ 0/0/0/0

● 52/83/80/13
● 9/38/41/34
  8/4/13/1

● 64/69/63/33
● 56/67/60/29
● 31/31/40/0

作者简介

梁景红，色彩设计专家。对色彩有独到见解，在讲座与著作中发表一系列原创色彩设计理论，实用性非常强。已出版了十余本色彩与设计图书，如《写给大家看的色彩书1：设计配色基础》《写给大家看的色彩书2：色彩怎么选，设计怎么做》《梁景红谈：色彩设计法则》等，还参与编著了《Adobe Illustrator CS4 标准培训教材》《Adobe Illustrator CS2 案例风暴1》等。曾受邀为创新工场、百度、新浪、人人网、大众点评网、中国电信、优米网、元洲装饰、富图宝、返利网等企业进行设计师色彩培训，为 UPA 国际峰会主持色彩工作坊，曾任大学生广告节金犊奖评委。

出版作品：

《梁景红谈：色彩设计法则》

《网站视觉设计》

《写给大家看的色彩书1：设计配色基础》

《写给大家看的色彩书2：色彩怎么选，设计怎么做》

《Web Designer Idea——设计师谈网页设计思维》

《网站设计与网页配色实例精讲》

《个性化网页设计与鉴赏》

图书在版编目（CIP）数据

室内设计色彩搭配手册：设计师必用配色原则和实
用方案800 / 梁景红著. -- 南京：江苏凤凰美术出版社，
2019.11

　　ISBN 978-7-5580-4536-3

　　Ⅰ. ①室… Ⅱ. ①梁… Ⅲ. ①室内装饰设计–色彩–
手册 Ⅳ. ①TS238.2-62②J063-62

中国版本图书馆CIP数据核字(2019)第244858号

出版统筹	王林军
策划编辑	徐　磊
责任编辑	王左佐　韩　冰
助理编辑	许逸灵
特邀编辑	徐　磊
装帧设计	梁景红
责任校对	刁海裕
责任监印	张宇华

书　　名	室内设计色彩搭配手册——设计师必用配色原则和实用方案800
著　　者	梁景红
出版发行	江苏凤凰美术出版社（南京市中央路165号　邮编：210009）
出版社网址	http://www.jsmscbs.com.cn
印　　刷	广州市番禺艺彩印刷联合有限公司
开　　本	787 mm×1 092 mm　1/24
印　　张	14.00
版　　次	2019年11月第1版　2019年11月第1次印刷
标准书号	ISBN 978-7-5580-4536-3
定　　价	198.00元（精）

营销部电话　025-68155790　营销部地址　南京市中央路165号
江苏凤凰美术出版社图书凡印装错误可向承印厂调换